AF358154

EXPLICATION

DU

ZODIAQUE DE DENDERAH

(TENTYRIS);

OBSERVATIONS CURIEUSES

SUR CE MONUMENT PRÉCIEUX ET SUR SA HAUTE ANTIQUITÉ.

Par L.-D. FERLUS,

MEMBRE DE PLUSIEURS SOCIÉTÉS SAVANTES.

DEUXIÈME ÉDITION,

Augmentée de l'explication de la précession des équinoxes, et des différences qui existent entre les Zodiaques grecs et le Zodiaque de Denderah.

ON TROUVE

LE DESSIN DU ZODIAQUE DE DENDERAH

Chez MARTINET, Libraire, rue du Coq-Saint-Honoré, N°. 15.

DE L'IMPRIMERIE DE GUIRAUDET,

RUE ST.-HONORÉ, N°. 315, VIS-A-VIS ST.-ROCH.

1822.

NOTICE

SUR

LE TEMPLE DE DENDERAH.

Le temple de Denderah est un des plus riches
et des plus imposans que l'antiquité ait marqués
du sceau de l'immortalité. Il fut consacré à Isis,
où cette divinité tutélaire de l'Egypte y était
adorée. Ce temple est sur la rive occidentale du
Nil, à 3o deg. 2o min. 42 second. de longi-
tude, et à 26 deg. 1o min. de latitude. Il est
bâti en carré long, et de pierres blanches tirées
des rochers calcaires dont les montagnes voi-
sines sont composées. La façade a 132 pieds et
quelques pouces de longueur. Au milieu de la
corniche est un globe soutenu par les queues
de deux poissons. D'énormes colonnes, qui ont
21 pieds de circonférence, supportent le vesti-
bule.

Le portique du temple renferme, comme celui
d'Esné, vingt-quatre colonnes; toutes les sof-
fites sont couvertes de tableaux hiéroglyphiques
qui ont plus ou moins trait à l'astronomie.

En sortant du portique du temple, et en prenant sur la droite pour en faire le tour, on marche sur des monticules de décombres qui, s'élevant par une pente rapide, enveloppent de ce côté le portique jusqu'à une hauteur assez considérable, et le temple proprement dit, jusqu'à la partie inférieure de ces frises richement décorées.

Une ouverture évidemment forcée à travers l'entablement donne accès sur la terrasse du temple. En y pénétrant, on trouve aussitôt, à droite, un petit appartement partagé en trois pièces. La première dans laquelle on entre, est découverte; ses murs sont décorés de sculptures parfaitement exécutées : elle a 4 mètres 40 centimètres de largeur. On la traverse pour arriver à une seconde salle qui est ouverte, et qui reçoit le jour par une porte à deux fenêtres à peu près carrées : tous les murs de celle-ci sont décorés de sculptures dont le travail est extrêmement soigné. On y voit une étonnante profusion de petits hiéroglyphes en relief, qui sont exécutés avec la plus grande précision. C'est au plafond de cette salle qu'on voyait le Zodiaque dont nous offrons le dessin. Cette chambre a la même largeur que la précédente, et une longueur de 5 mètres 53 centimètres. La pièce que l'on trouve après celle-là, et dont les dimensions sont à peu près les mêmes, est dans l'obscurité la plus profonde ; ses murs sont aussi couverts de sculptures, et son plafond surtout offre des sujets qui sont très-bien exécutés, et qui paraissent avoir trait à l'astronomie.

Les murs du temple de Denderah sont couverts d'hiéroglyphes et de figures symboliques ; la vie d'un dessinateur suffirait à peine pour en tracer la représentation.

Une partie du temple est peinte à fresque, de la couleur resplendissante du bleu d'azur ; les figures en relief ont été peintes en beau jaune, et ces peintures ont encore un éclat dont nos couleurs les plus fraîches n'approchent pas.

Les figures égyptiennes qui ont des queues sont des cynocéphales, ou des singes ; celles qu'on observe dans le temple de Denderah ont bien la forme humaine, et l'on n'avait point encore vu sur les monumens égyptiens des figures humaines avec un accessoire qui les rapproche des animaux.

Mais ce qui est encore plus remarquable, ce que peu de savans ont observé dans le temple de Denderah, est une espèce de sceptre surmonté d'une fleur de lis, absolument semblable au signe que les Rois de France ont adopté pour leurs armoiries. Hérodote et Strabon rapportent que les Rois de Syrie et de Babylone ont porté autrefois la fleur de lis au bout de leur sceptre ; on sait que le lis n'a été employé, dans les armes de France, par Louis VII, dit le Jeune, que sept cents ans après l'établissement de la monarchie.

On ne peut admirer les ouvrages de l'Egypte, ni se rappeler les époques de sa gloire, sans considérer tous les malheurs que lui a causés la perte de ses lois, de ses lumières et de son indépendance.

Parmi les monumens de l'antique Égypte, il n'en est point de plus digne de fixer notre attention que le Zodiaque de Denderah. La majesté des temples, la beauté des obélisques, des pyramides, des statues, offrent sans doute un charme bien grand à notre âme étonnée; mais combien le Zodiaque de Denderah est plus précieux encore! et que ne doit pas la France reconnaissante à M. Lelorrain qui, secondé par quelques Arabes, est parvenu à le détacher de la voûte du temple de l'ancienne Tentyris!

On sait que le pacha d'Égypte a accordé ce monument précieux aux Français, malgré les réclamations du consul d'Angleterre. M. Lelorrain, après beaucoup de travaux et de soins, est parvenu à le faire transporter à Paris, où il est exposé aux regards curieux du public. Puissent les possesseurs du Zodiaque de Denderah avoir assez de patriotisme pour fermer l'oreille aux propositions séduisantes qui pourraient leur être faites par les étrangers!

EXPLICATION

DU ZODIAQUE CIRCULAIRE

DE DENDERAH:

Le Zodiaque circulaire de Denderah est un planisphère dont la masse a huit pieds carrés de surface et un pied d'épaisseur ; sa matière est un grès tiré des montagnes de la Haute-Égypte ; ce grès est friable, homogène, et jugé primitif. Ce fut le général Desaix qui, le premier, remarqua ce monument : les savans de l'expédition en firent prendre un dessin.

Une description de toutes les figures qu'on voit dans le Zodiaque serait aussi sèche qu'inutile : on se bornera donc à expliquer les signes, et à faire remarquer leur rapport avec les principales figures.

Le monument offre un cercle chargé de figures astronomiques ; ce cercle est soutenu par huit figures d'homme ayant une tête d'épervier ; ces figures sont placées aux quatre points principaux, et agenouillées. On remarque aux angles quatre figures de femme debout et soutenant aussi le Zodiaque.

Le cercle est entouré extérieurement d'une bande circulaire d'hiéroglyphes qui est interrompue par les figures. Trois autres bandes d'hiéroglyphes descendent le long des jambes de chaque figure de femme. Toutes ces sculptures ont un relief plus ou moins fort ; celui des grandes figures est de 12 à 13 millimètres, et celui des hiéroglyphes est moins considérable. Le fond des hiéroglyphes est lui-même en saillie sur celui des grandes figures.

Le premier rang de figures du médaillon est disposé régulièrement dans une bande circulaire concentrique. Toutes ces figures ont la même hauteur, et toutes leurs lignes de milieu tendent au centre du tableau, où se trouve une figure de renard. Ces figures sont accompagnées d'étoiles et d'hiéroglyphes. Parmi ces figures on distingue les douze signes du Zodiaque, distribués sur une espèce de spirale ; cette spirale ne fait qu'une révolution autour du centre.

SIGNES DU ZODIAQUE.

1. Le Lion marche sur un serpent ; à l'extrémité de la queue du serpent, on observe un oiseau et une figure humaine debout. On voit près du Lion trois figures ; celle du milieu est assise, et tient deux espèces de vases ; celle qui est à droite tire

de l'arc; la troisième est assise, et porte sur la main gauche une petite figure humaine.

Le Lion appartenait à Osiris, à cause de la force du soleil lorsqu'il était dans ce signe. M. Visconti pense que le Lion est le premier des signes descendans; qu'il indiquait le commencement de l'année, et était solsticial.

2. La Vierge, portant une poignée d'épis, marche à la suite du Lion, et exprime la coupe des moissons qui alors avait lieu. On observe derrière la Vierge une figure avec des cornes; cette figure, ainsi que celle qu'on remarque aux pieds de la Vierge et qui tient une faux, indiquent aussi la coupe des moissons.

La Vierge était consacrée à Isis; le Sphynx, composé du Lion et de la Vierge, s'employait pour désigner le débordement du Nil. C'est après coup, dit M. de Lalande, que les Grecs ont mis des épis dans la main de la Vierge pour indiquer les moissons.

3. La Balance. On observe près de la Balance un cercle au milieu duquel est une figure de femme, qui est, selon Dupuis, celle de Vénus, ou de la planète de ce nom. On voit encore, au-dessus de ce cercle, deux autres petites figures. Près de la Balance on remarque un lion bien dessiné; derrière le lion, on voit un cynocéphale, ayant un ornement sur la tête : c'était

l'hiéroglyphe qui représentait le lever de la lune, au rapport d'Horus-Apollon.

On ne pouvait mieux exprimer l'égalité des jours et des nuits qu'amène le soleil parvenu à l'équinoxe, qu'en donnant à cette constellation le nom de Balance. Quelques savans ont prétendu que la Balance n'était pas connue des Égyptiens, et qu'elle était une invention des flatteurs d'Auguste; mais Hipparque a parlé de la Balance plusieurs siècles avant Auguste. Zoroastre parle aussi de la Balance comme d'un signe du Zodiaque; on voit cette figure sur plusieurs monumens astronomiques de l'Égypte et de l'Inde. Scaliger observe que la naissance d'Auguste tombait au commencement de la Balance.

4. Le Scorpion est placé immédiatement entre la Balance et le Sagittaire. Près du Scorpion, on voit une figure dans un bateau.

Le Scorpion appartenait à Typhon. Les maladies d'automne, lors de la marche rétrograde du soleil, ont été caractérisées par le Scorpion, qui traîne après lui son dard et son venin.

5. Le Sagittaire, qu'on remarque entre le Scorpion et le Capricorne, a deux faces, et sa partie inférieure est d'un cheval ailé.

Le Sagittaire exprimait la chasse que les anciens faisaient aux bêtes féroces, à la chute des feuilles.

6. Le Capricorne a la partie antérieure d'une chèvre, et la partie postérieure d'un poisson : il a une jambe pliée. On voit sur le dos du Capricorne une figure debout.

Le Capricorne était consacré à Pan ou à Mendès. Macrobe dit : Quant à la chèvre, sa méthode de paître est de monter toujours, et de gagner les hauteurs; de même le soleil, arrivé au Capricorne, commence à quitter le point le plus bas de sa course pour revenir au plus élevé.

7. Le Verseau est un homme debout tenant un vase de chaque main, d'où il sort de l'eau. On voit près du Verseau une victime sans tête, et plus loin, un sacrificateur.

Plutarque raconte que, dans le mois de janvier, qui répondait au signe du Verseau, on allait en cérémonie puiser de l'eau dans la mer, et que l'on se réjouissait d'avoir trouvé Osiris. Pluche pense que le Verseau avait un rapport sensible aux pluies de l'hiver.

8. Les Poissons sont unis par deux lignes droites qui forment un angle aigu. On remarque entre les deux poissons un parallélogramme.

Le signe des Poissons était consacré à Nephtis, déesse de la mer. Les Poissons, liés ou pris au filet, marquaient la pêche, qui est excellente aux approches du printemps.

9. Le Bélier est couché, et regarde derrière lui. On remarque près du Bélier deux animaux adossés, qui sont la chèvre et le chien, et plus près du centre, un oiseau, qui est l'épervier symbolique, et qui, selon Clément d'Alexandrie, indiquait l'équinoxe du printemps.

Le Bélier paraît avoir été, de tout temps, la première constellation du Zodiaque. Ce signe était consacré à Jupiter-Ammon, qui présidait à l'équinoxe du printemps. Suivant le témoignage de Lucien, le Bélier se trouvait dans le Zodiaque égyptien. Plutarque raconte que les Égyptiens représentaient le soleil levant par la figure d'un enfant assis sur le lotus. On voit en effet cet emblème au-dessous du Bélier.

10. Le Taureau s'élance et regarde derrière lui ; ses cornes sont tournées vers le haut. Cette direction indiquait le commencement du mois, lorsque la lune, après sa conjonction, paraissait pour la première fois. Quand, au contraire, le Taureau avait les cornes baissées, il annonçait la fin du mois.

Le Taureau représentait le dieu Apis ; il indiquait aussi le labourage.

11. Les Gémeaux sont deux figures humaines qui se tiennent par la main ; elles sont tournées du côté du Taureau.

Les Gémeaux répondaient à deux divinités qu'on ne séparait point en Égypte, Horus et

Harpocrate. Il semble qu'on ait voulu placer dans le Ciel le symbole de l'amitié.

12. Le Cancer est sur le même rayon de cercle que le Lion ; il occupe l'extrémité la plus rapprochée du centre.

Le Cancer était consacré à Anubis. Le soleil, dit Dupuis, parvenu au Cancer, était presque au zénith de Denderah. On remarque au-dessous de ce signe une espèce de pyramide qui indiquait, selon lui, la hauteur du soleil.

L'écrevisse est un animal qui marche à reculons, et obliquement ; de même, le soleil, parvenu dans ce signe, commence à descendre et à rétrograder.

Différences entre les Zodiaques grecs et le Zodiaque de Denderah.

1°. La Vierge, dans les Zodiaques grecs, a des ailes ; dans celui de Denderah elle n'en a point.

2°. Le Sagittaire, dans le Zodiaque de Denderah, a deux faces ; dans le Zodiaque grec il n'en a qu'une.

3°. Le Verseau, dans le Zodiaque grec, tient un vase sur la cuisse ; dans celui de Denderah il porte deux vases.

4°. Le Bélier, dans la sphère grecque, a la queue tournée vers le Taureau ; dans le Zodiaque de Denderah elle est tournée vers les Poissons.

5°. Le Taureau est couché dans le Zodiaque grec ; dans le Zodiaque égyptien il s'élance.

6°. Le Cancer, qu'on remarque dans les Zodiaques grecs, est remplacé, dans le Zodiaque de Denderah, par le scarabée.

Antiquité du Zodiaque de Denderah.

La sculpture du Zodiaque de Denderah est incontestablement égyptienne. Les figures ont de la grâce, mais elles manquent de précision ; les articulations ne sont point senties, les extrémités surtout sont incorrectes, et décèlent l'ignorance de l'anatomie.

Le Zodiaque est un monument astronomique et religieux. Les Égyptiens avaient des connaissances étendues en astronomie ; ils avaient des idées du mouvement de la terre, du lever et du coucher des étoiles, en divers temps de l'année ; ils prédisaient les éclipses de lune et de soleil ; ils avaient divisé l'année en douze parties, et connaissaient la période des sept jours, c'est-à-dire notre semaine.

Les Grecs, voulant persuader à la postérité que l'invention du Zodiaque leur appartenait, appliquèrent à leurs histoires les figures qu'ils trouvèrent dans les Zodiaques égyptiens. C'est ce qui a fait dire à Newton, dans sa Chronologie, que les constellations du Zodiaque devaient être attribuées aux fables grecques.

Pour s'élever à la connaissance de l'antiquité du Zodiaque de Denderah, il faut avoir une idée juste de la précession des équinoxes. On appelle précession des équinoxes, l'effet des attractions qu'exercent le soleil et la lune sur la terre : cette double attraction fait que l'équinoxe arrive chaque année 5o secondes plus tôt que l'année précédente, et que le soleil s'avance d'un degré en 72 ans. D'après ce phénomène, il est facile de concevoir que, si le Zodiaque a été exécuté lorsque l'équinoxe de printemps était dans le premier degré du Bélier, ce Zodiaque n'aurait que 2160 ans d'antiquité, puisque l'équinoxe a lieu aujourd'hui dans le signe des Poissons, c'est-à-dire 3o degrés plus tôt. Si, au contraire, le soleil a, dans une succession de siècles, parcouru tous les signes du Zodiaque, il est évident que le planisphère de Denderah aurait plus de 25,000 ans.

Il est très-difficile d'établir d'une manière précise l'époque à laquelle le Zodiaque de Denderah a été exécuté. Nous ne connaissons presque pas la science hiéroglyphique, et l'on ne peut établir l'antiquité de ce monument que sur des données incertaines. On sait cependant que la chronique des Égyptiens remontait à des temps immenses, et renfermait, selon Hérodote, un espace de 36,525 ans, pendant lequel avaient régné les Aurites, les Mestréens et les Égyptiens. Platon, dans le second livre de ses lois, dit qu'il y avait en Égypte des temples et des monumens astronomiques qui existaient depuis 11,000 ans. Diodore de Sicile rapporte, qu'on voyait sur le tombeau d'Osimandias, roi d'Héliopolis, un cercle d'or de 365 coudées, sur lequel étaient représentés tous les jours de l'année, avec le lever et le coucher de chaque astre.

M. Visconti croit que le Zodiaque est l'ouvrage des Grecs. Il remarque sur ce monument des noms romains qui, selon lui, sont ceux d'Auguste ou de Tibère. On observe aussi une autre inscription que M. Visconti croit être du temps des Ptolémées. Dupuis est d'un sentiment contraire; il cherche à prouver que le monument est égyptien, et qu'il fut composé bien avant l'ère vulgaire.

La diversité des opinions prouve qu'on ignore la vérité. Les recherches qu'on a faites sur ce monument, les dissertations qui ont été publiées sur son antiquité n'ont point encore dissipé nos doutes. Une chose seulement semble évidente, c'est que le Zodiaque de Denderah est un ouvrage des Égyptiens qui a dû être restauré par les Grecs.

FIN.